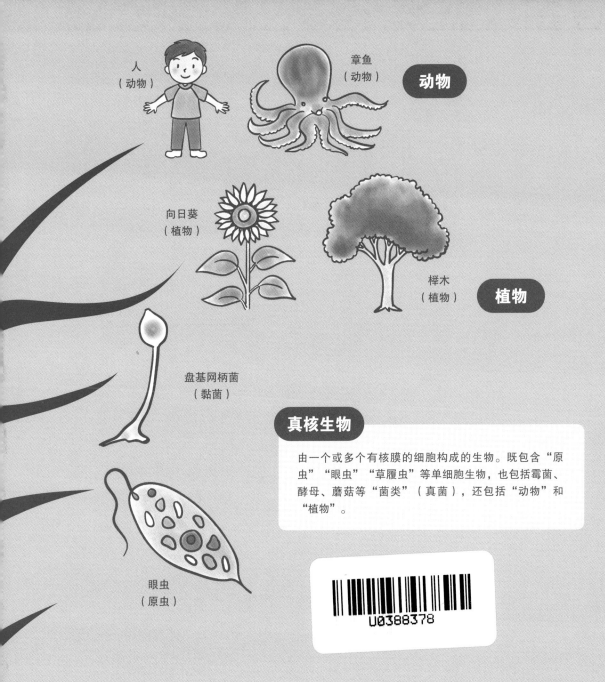

人
（动物）

章鱼
（动物）

动物

向日葵
（植物）

榉木
（植物）

植物

盘基网柄菌
（黏菌）

真核生物

由一个或多个有核膜的细胞构成的生物。既包含"原虫""眼虫""草履虫"等单细胞生物，也包括霉菌、酵母、蘑菇等"菌类"（真菌），还包括"动物"和"植物"。

眼虫
（原虫）

产甲烷（wán）菌

极端嗜热菌

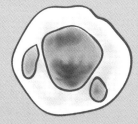

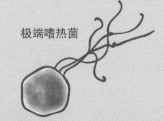

古细菌

属于"原核生物"，比"细菌"更接近于"真核生物"。
古细菌多数生存在人类无法生存的区域，例如海底热泉中或海平面1万米以下的深水区。

真
核
生
物

原
核
生
物

不可思议的动物图鉴

动物生存大揭秘

（日）中田兼介 著

张 岚 译

辽宁科学技术出版社

·沈阳·

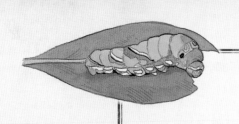

篇首语

动物是什么?

所有的生物都是由细胞构成的。而细胞要生存，就需要有一层薄膜包裹，以此来保证遗传因子和蛋白质等物质不会流失。细胞通常非常小，我们的肉眼可以分辨出来的大型生物，大多数是由大量细胞构成的"多细胞生物"。其中，借助阳光通过光合作用创造出自身所需营养成分的生物叫作"绿色植物"。从外界获取营养来源的生物，分为"动物"和像蘑菇或霉菌这样的"真菌"。

虽然叫作"动"物，但是并非每种动物都喜欢活蹦乱跳、动来动去。自然界中也存在着大量像珊瑚和海绵这样几乎不会动的动物。也就是说，并不是只有像我们人类这种哺乳动物才叫作动物。

　　我们还没有准确地计算出地球上究竟有多少种多细胞生物。至今为止，在人类
已经发现的大约180万种生物中，种类数量位居榜首的当属昆虫。生活在地球上的生
物中，大约60%的物种是昆虫，而脊椎动物的总和也只不过占4%。其中，哺乳动物
的种类数量就更微不足道了，而我们人类只是其中的一种。所以，也有人把我们的
地球叫作"昆虫星球"。

3

目录

　　本书将要向各位读者揭开动物不可思议的生存之谜。第1章动物的一生，讲述动物让你想不到的各种生存方式。第2章动物的社会，讲述动物之间令人惊叹的协作与竞争。第3章动物与地球，讲述地球上的生物之间不可思议的关联。

每个章节的开始都有一幅生动的插图，描绘本章的主题。

为了简洁易懂，插图中各种生物的大小与实际大小比例略有差异。

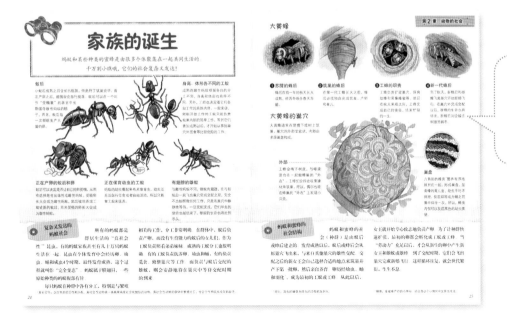

用小插图配文字，举例介绍动物让你想不到的生存状态。

各种生存方式

不同种类的动物，有着各自不同的饮食习惯、繁衍手段、居住地点和生存方式。

杜鹃花

捕食七星瓢虫的蜘蛛

豌豆

产卵的七星瓢虫

动物不可思议的一生

动物的生存方式有很多种。人们根据动物吃的东西不同将它们分为食草动物、食肉动物、杂食动物和某些只吃特定食物的动物等不同类型。

动物在从小到大不断成长的过程中，需要从食物中获取营养。当动物发育成熟后，为了繁殖，也需要获取营养来帮助自己完成寻找配偶、产卵以及养育幼崽等过程。体格强壮的动物才能产下大量的卵或幼崽，在竞争中易于获胜，也更容易获取食物。为此，动物会先通过吸收营养发育成熟，然后再开始繁殖，这样才能留下更多的子孙后代。

繁殖：生物为延续物种而进行的生产后代的生理过程。　　　　配偶：为实现繁殖，由一只雄性和一只雌性动物搭配在一起的组合。

食草的奶牛

七星瓢虫的幼虫捕食蚜虫

从卵中孵化*出来的螳螂幼虫

七星瓢虫的蛹

　　但是在动物发育成熟之前，也有可能死于疾病或者其他动物的袭击。所以，完全发育成熟之后再开始大量生育，并不是明智的方式。因此，动物发育到一定程度就会开始繁殖，并且一生中会孕育很多次。

　　另外，为了避免天敌 的袭击，也为了能在残酷的自然环境中生存下去，很多动物会为自己筑巢。在本章中，就让我们一起来看看动物不可思议的一生吧。

孵化：幼崽从卵中破膜而出的过程。
天敌：自然界中专门捕食或危害另一种动物的动物。

今天吃什么

动物的食谱会促使动物的某些生理构造逐渐进化。

兔子和狐狸的消化道

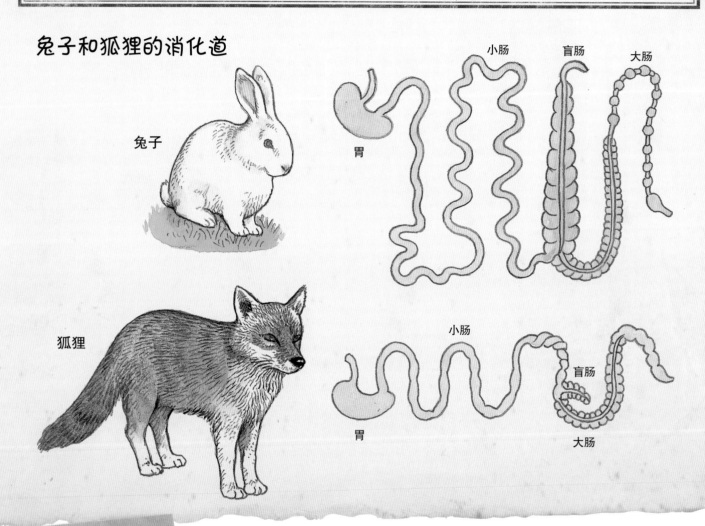

兔子

狐狸

小肠　盲肠　大肠

胃

小肠

胃

盲肠

大肠

食草动物的消化道结构

植物中含有大量动物难以消化的纤维素*。所以，食草动物的消化道里通常有一些微生物*来帮助动物消化。哺乳类食草动物的消化时间较长，所以它们的胃*和肠*道都比较长。例如兔子，与食肉动物狐狸相比，不仅肠道更长，而且盲肠*也更大。在这些动物器官中存在着大量的微生物，能帮助它们不断地分解纤维素。

*纤维素：是植物细胞壁的主要结构成分。
*微生物：人类难以用肉眼观察的微小生物。

*胃、肠、盲肠：把食物分解进而吸收的动物器官。从胃到肠都是连在一起的通道，位于中间的盲肠就像一个袋子。

食物偏好

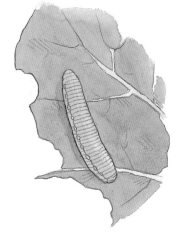

正在食用卷心菜叶片的纹白蝶幼虫

正在食用胡萝卜叶片的金凤蝶幼虫

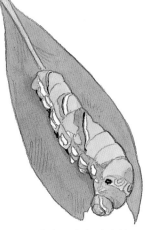

正在食用蜜橘叶片的达摩凤蝶幼虫

正在食用朴树叶片的吉丁虫

捕食技巧

馒头蟹
用一对剪刀般的强力蟹钳夹碎贝类外壳后食用贝肉。

凤头蜂鹰
用细长的喙和脚趾拉出蜜蜂的巢板，食用蜜蜂的幼虫和蜂蛹。

鲸鲨
将磷虾和海水一起吸入口中，用鳃过滤掉海水以后食用。

食物偏好和捕食技巧

有些植物为了避免被动物吃掉，会分泌毒素。不同的植物会分泌不同的毒素。食草昆虫经历长期进化，具备了分解某些特定毒素的能力，因此，它们只会吃特定的植物。

对于食肉动物来说，虽然几乎不存在消化问题，但是必须要具备保护自身安全的能力和捕食技巧。

鲸鲨、须鲸、藤壶等，都是以捕食水中的浮游生物为生。它们利用鳃或触手*从水中捕获猎物，这种捕食技巧叫作"滤食"。须鲸并没有用来咀嚼食物的牙齿，而是靠角质须来捕获猎物。

*触手：长于多数低等动物身体前端或口部周围，能自由屈伸的突起物的总称。

出生的秘密

动物繁衍的方法，会因居住环境的不同而有所不同。

海豚一次只生育一只幼崽。在幼崽能够独立捕食之前，都需要妈妈哺乳。

海豚幼崽

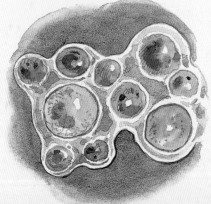

翻车鱼一次可以生产2亿~3亿枚卵。把卵产到海水中以后，翻车鱼并不会采取任何保护措施，所以大多数卵都会被其他鱼类吃掉。

翻车鱼的卵

生育幼崽的两种方法

动物为了繁衍更多的子孙*后代，基本会采用两种生育方法。第一种是每次尽可能大量地生育幼崽，靠存活的数量取胜。第二种是每次少量生育，但是对每一只幼崽都精心哺育。哺育幼崽长大，不仅需要细心照看，选择安全的生育地点，而给出生后的幼崽提供足够的营养，才更为关键。

产卵动物，由于母体里的养分有限，为了大量繁殖后代，不得不让每个卵小一点儿，或者干脆在产卵后放弃养育。相反，胎生动物如果要生育体形较大的幼崽并尽量精心哺育的话，就只能减少每次生育的幼崽数量。动物的种类不同，每次可以繁殖和哺育后代的精心程度都各不相同。这是因为，在不同的居住环境中，大量生育和精心哺育会各显优势。

*子孙：继承了某种生物的基因的后代。

雌性树蛙会分泌黏液状泡沫，在树上制造出液态环境，并在泡沫里产卵。很多雄性树蛙会寻找泡沫完成受精。

输卵管

鳑鲏（páng pí）利用长长的输卵管把卵产在背角无齿蚌等贝类的壳中。出生的卵会在贝壳里安全地孵化。

左 雄性
右 雌性

水黾为了避免蜜蜂寄生在卵上，会冒着窒息的危险潜入水中，在水草上产卵。

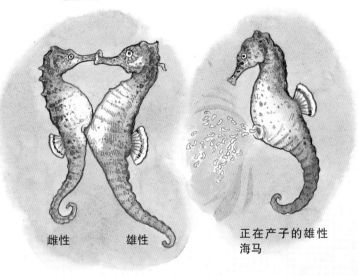

雌性　雄性

正在产子的雄性海马

雌性海马会把卵产在雄性海马腹部的育儿袋中，小海马在海马爸爸的育儿袋中孵化后出生。

各种各样的受精方法

大多数动物为了繁衍，都需要让雄性的精子*和雌性的卵子*结合。包括我们人类在内的哺乳类、鸟类、爬行类、昆虫等，大多数是由雄性把精子输送到雌性体内来完成受精*的。

生活在水中的动物，通常是由雌性产卵，由雄性释放出精子，在水中完成体外受精。鱼类和大多数两栖动物就是典型的代表，例如海星、珊瑚和水母等。

有些动物，为了保护自己的卵或者刚出生的幼崽，会下很大功夫。比如水黾（miǎn），为了保护自己的卵不受蜜蜂的侵害，会冒着生命危险潜入无法呼吸的水下，把卵产在水草上。

---

*精子、卵子、受精：雄性和雌性为了把基因传递给子孙，会分别制造出叫作精子和卵子的细胞。两者相结合的过程叫作受精。

我们长大啦

从单个细胞生长为成熟个体，每种动物都各怀绝技。

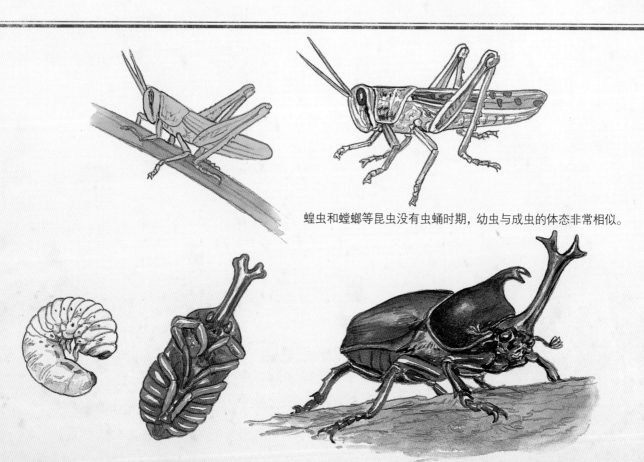

蝗虫和螳螂等昆虫没有虫蛹时期，幼虫与成虫的体态非常相似。

双叉犀金龟（独角仙）和蛾等昆虫需经历虫蛹时期之后才能变为成虫。虽然成虫身上还能找到幼虫时期的影子，但体态会发生很大变化。

从细胞开始的成长之路

由单个细胞构成的卵子，在完成受精以后会不断分裂出更多细胞。在此过程中，细胞的种类也会随之增加，慢慢组成功能各异的组织*和器官*，最终构成复杂而完整的动物身体。在成长的初期阶段，卵子只能依靠母体提供的营养发育。在能够独立捕食之前，动物的身体会不断长大。有些物种在生长发育的不同阶段，还会表现出不同的体态。

对于身体表面覆盖着坚硬骨骼的昆虫、虾和螃蟹等节肢动物来说，骨骼*会阻碍生长，所以这些动物会经历蜕皮*的过程。节肢动物会趁着刚刚蜕皮、骨骼还很柔软的这段时间，快速长大，然后在下次蜕皮之前，让自己的体形暂时保持不变。

*组织: 在许多不同种类的细胞中，由同类细胞聚集在一起而形成的集合体。

12 *器官: 是动物身体的一部分，由几种组织汇聚而成，具备某些功能。

*骨骼: 在身体内部或外部支撑动物身体、维持动物体态的坚硬组织。

*蜕皮: 节足动物和一些爬行动物脱去旧表皮、长出新表皮的过程。

大西洋鳕鱼，从幼年开始腹部就有卵黄。在发育到能够自己猎食之前，都依靠卵黄的营养成长。

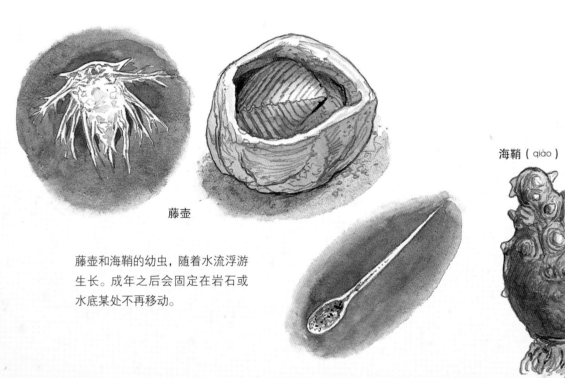

海鞘（qiào）

藤壶

藤壶和海鞘的幼虫，随着水流浮游生长。成年之后会固定在岩石或水底某处不再移动。

成长与身体的变化

一旦成长期结束，就意味着个体可以开始孕育繁衍了。哺乳类动物、鸟类和昆虫等个体成熟之后，身体就不再继续长大了。人类的婴儿刚刚出生的时候，头部的比例远大于身体的比例。这是由于人类头部和身体生长的速度不同，当我们渐渐长大以后，身体各部分的比例终将趋于平衡。

而爬行类、两栖类、鱼类和贝类等动物生长速度均衡，而且在个体成熟之后身体还会继续成长。有些动物有"幼体*"时期，比如虾、螃蟹、贝、海胆和海星等，幼体时期在水中浮游生长。当幼体时期结束之后，它们的样子会越来越像父母，然后才长期固定在水底生活。

※幼体：生物以不同于父母的形态，按照与父母不同的方式生活。就昆虫而言，通常称为"幼虫"。

多彩的"房子"

不同种类的动物有不同的居住方式。巢穴的样式和筑巢方法
也会因目的不同而截然不同。

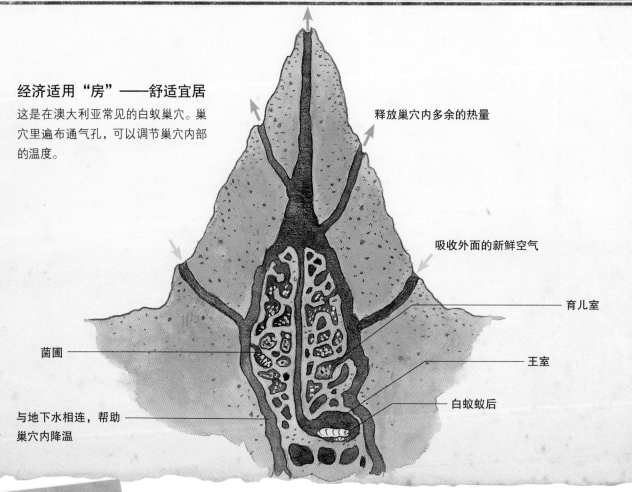

经济适用"房"——舒适宜居
这是在澳大利亚常见的白蚁巢穴。巢穴里遍布通气孔,可以调节巢穴内部的温度。

释放巢穴内多余的热量

吸收外面的新鲜空气

育儿室

王室

白蚁蚁后

菌圃

与地下水相连,帮助
巢穴内降温

居住方式和巢穴的作用

有些动物会修筑一个专属的巢穴来定居,也有些动物像候鸟一样按照季节的变换有选择地往返于两个或多个不同的巢穴。还有像蝙蝠这样把巢穴和捕食区域分开,往返两地的动物。有的动物虽然平时没有固定的居所,大部分时间在广阔的领地中自由栖息,但它们通常都会在繁殖期建造临时巢穴。

动物的巢穴,有的是从自然界就地取材建造的简单巢穴,有的是到处搜集材料建造出来的复杂巢穴。巢穴既可以保证舒适的生活、保护自身安全,也可以吸引异性、哺育幼崽,有的甚至可以用来捕捉猎物。

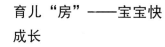

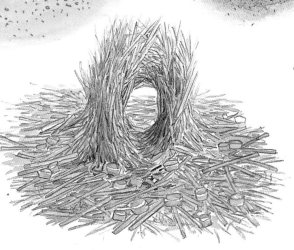

育儿"房"——宝宝快成长

有一种河豚的巢穴图案十分复杂，位于水底沙地上，主要用于产卵。

婚"房"——我们结婚吧

在求偶期间，雄性园丁鸟为了吸引雌鸟，会想方设法把巢穴装饰得很精美，而雌性园丁鸟会挑选自己满意的巢穴入住。

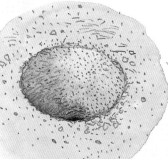

"房"车——移动城堡

例如寄生在海龟身上的龟藤壶和寄生在鲸鱼皮肤上的藤壶。

厨"房"——美味在家享

蚁狮的幼虫会在沙地上挖出研钵状的洞穴，然后潜入其中伺机捕食蚂蚁。

有一种伪切叶蚁，居住在中空的植物毛刺中，能够帮助植物抵御食草昆虫的侵袭。

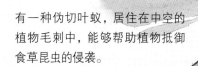

寄居在其他生物身上

有些生物会寄居在其他动物的居所中。比如，有些蚂蚁会借住在白蚁的巢穴中。我们有时也能在燕子的巢穴中发现衣蛾的幼虫。

更有甚者，有些动物会直接寄居在其他生物身上。为了方便寄居者，有些动物甚至进化出了与众不同的身体特征。寄居动物如果找不到宿主，就无法生存。

有的寄居动物为了独占食物、保护自己的领地，或者防止宿主被其他生物抢占，会威胁或驱逐其他寄生客。鸟类有时会用清脆的叫声来保卫自己的领地。

协作与竞争

在动物的社会里，会发生很多让人惊叹称奇不可思议的事情。

雌性蚂蚁的房间

等待新婚飞行*来临的那一刻。

存放蚂蚁卵的房间

工蚁负责运输蚁后产下的卵。

蚁后的房间

蚁巢建成以前，蚁后亲自承担育儿工作。蚁巢建成以后，蚁后开始专心致志地负责产卵。

动物不可思议的生活方式

每种动物在一生中都会与其他动物产生千丝万缕的联系。相同物种之间会因为对生活必需品的共同需求而展开竞争。因此，很多动物都会划分出自己的领地，禁止其他动物入侵。还有些动物会随时准备好用来捍卫自己权益的武器

呢。也有的动物会刻意向进入自己领地的同类展示自己力大无穷，争取在发生激烈争斗之前让对方知难而退。

相反，也有很多动物愿意接受相同种类的个体*一起组成"社会"，过群居生活。动物的

* 新婚飞行：在蚁巢中出现有翅膀的雄性蚂蚁和新蚁后，它们寻觅到
对方以后结伴飞走。

* 个体：单只动物。

繁殖期到来，雄鹿会为争夺雌鹿而发生争斗。

蚂蚁蛹的房间

蚂蚁幼虫会吐丝把自己包裹在蛹里，静待长大，变成成年蚂蚁的样子。

蚂蚁幼虫的房间

蚂蚁幼虫直接从工蚁的嘴里接过食物吃掉。

黑灰蝶的幼虫，能够模拟酷似蚂蚁的味道，以骗取工蚁的关照。

食物仓库

工蚁把食物搬运到这里。动物性食品不易长时间保存，必须尽快吃掉。

"社会"，有的是由母子构成的简单小社会，也有的是数万只蚂蚁或蜜蜂共同生活在一起的复杂社会。可见，动物的"社会"也是多种多样的。

具备社会性的动物通常可以体现出很多优势，比如，它们能够合力建造出单只个体无法完成的大型巢穴，还能互相协作共同抵御天敌等。但是在动物社会中，争斗也很常见，实力强弱会明显影响动物的行为。动物社会中，总是存在协作和竞争的"拉锯战"。我们将在本章中具体讲述动物不可思议的生活方式。

一起生活吧

群居动物具备集体御敌等很多优势。

御敌小组

鸵鸟群外出觅食的时候，总是有的鸵鸟低头觅食，而有的鸵鸟抬头观望。这是为了随时保证对周围环境的警戒。

择偶小组

雄性艾草松鸡会成群结队地向雌性艾草松鸡展示"个人风采"。雌性艾草松鸡会从中选择中意的雄性共同繁殖后代。

向雌性展示"个人风采"的雄性

雌性

成群结队地繁衍生息

动物群居，最大的优势就是能够有效抵御天敌的袭击。在观察周围环境的时候，单一个体必定会存在无法顾及的死角*。但如果很多个体共同合作，就大大提升了发现天敌的可能性。如果一个动物的种群足够庞大，就可以把警戒任务交给一部分个体。这样一来，其他个体就可以放心大胆地觅食了。万一受到天敌的袭击，也可以把损失降低——外围的少数个体被捉，而绝大部分个体成功逃脱。还有一种情况，就是在繁殖期组建临时种群。为了寻找伴侣，雄性和雌性需要现场约会。如果大量个体集中在同一片区域，那么成功相遇的机会就会增加很多。

*死角：动物视力范围内观察不到的地方。

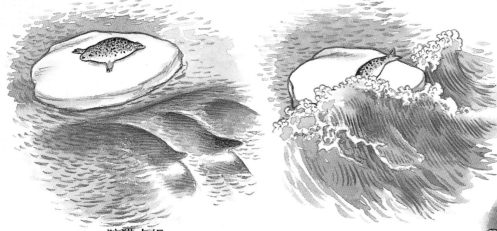

狩猎小组

虎鲸为了捕食冰面上的海豹，会成群结队地从四面八方制造浪花。一旦海豹被浪花击落，便成为虎鲸群的美食。

没有地位之分的群体

研究表明，沙丁鱼的种群是自然而然形成的，成千上万的个体总是采取集体行动。

种群中的地位

狼之间存在一种"礼貌行为"。群体中地位较低的狼会躺在地上，露出自己的腹部，而地位较高的狼会踏上去（左图）。地位较低的狼会放低身姿、垂下耳朵和尾巴，以此来表达对地位较高的狼的服从（右图）。

种群中的地位

有些动物群体会明确区分强者和弱者，每个个体都会根据自己的地位来采取相应的行动。比如，集体外出狩猎的狼群，为了成功捕获猎物，每只狼都要时刻确认自己在狼群中的地位，并且根据地位采取行动。因此狼才进化出"礼貌行为"和服从*姿态。

与此相反，像沙丁鱼和灰椋（liáng）鸟，是由成千上万个个体集合成种群生活在一起。在这样的种群中，不存在地位的高低，也没有领头动物，每个个体都是跟随周围的同伴一起行动，整个群体自然而然地采取集体行动。

*服从：群体中地位较低的个体顺从地位较高的个体。

不服来战

动物之间发生争斗的原因多种多样。为了最大限度地避免伤亡，
动物"发明"了许多令人意想不到的争斗形式。

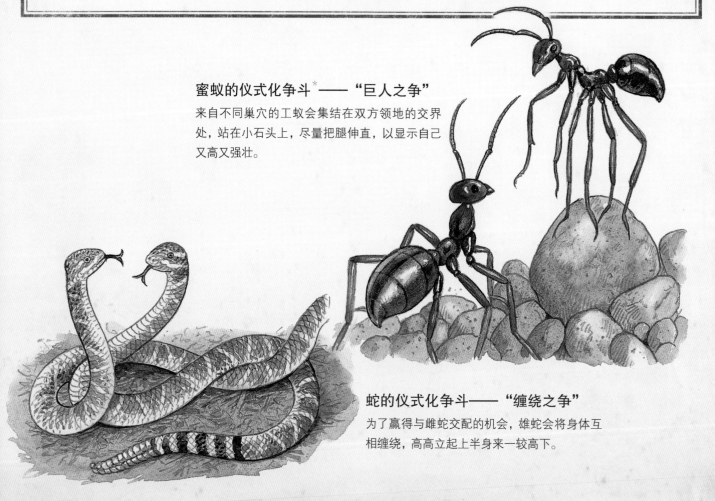

蜜蚁的仪式化争斗[*]——"巨人之争"
来自不同巢穴的工蚁会集结在双方领地的交界
处，站在小石头上，尽量把腿伸直，以显示自己
又高又强壮。

蛇的仪式化争斗——"缠绕之争"
为了赢得与雌蛇交配的机会，雄蛇会将身体互
相缠绕，高高立起上半身来一较高下。

仪式化争斗

为了保卫领地、确立自己在群体中的地位、博得配偶欢心等，动物之间会为各种不同的原因发生争斗。弱者向强者发出挑战，获胜的可能性极低。强者也很可能在争斗的过程中受伤。

激烈的争斗对双方来说是两败俱伤。

所以，很多动物会在进入激烈争斗之前展示自身的强壮，既能避免开战，又能降低受伤的风险。通过这种无伤害的较量分出强弱，弱者自行退下，就能避免决斗带来的惨重伤亡。

[*]仪式化争斗：动物个体之间常规性的相对无伤害的一种争斗，目的在于显示自己的强壮。不同的动物各有固定的仪式性争斗方式。

招潮蟹的仪式化争斗——"大力士之争"

雄性招潮蟹会互相夹住对方的大蟹钳，来一场腕力的较量。

斗鱼的仪式化争斗——"美貌之争"

斗鱼的争斗方式是竖起鱼鳍，把自己的侧面展示给对方看。

青蛙的仪式化争斗——"超重低音之争"

青蛙会用鸣叫的方式来争斗，声音更低的一方获胜。

突眼蝇的仪式化争斗——"千里眼之争"

突眼蝇的眼睛细长且突出。雄性突眼蝇会把前脚张开，互相比较眼睛的长度，以此来决胜。

终极决斗

如果争斗双方势均力敌，没能在仪式化争斗中一决高下，就会进入决斗。有时候，当争夺目标值得奋力一搏的时候，争斗双方也可能跳过仪式化争斗直接开始决斗。

决定胜负的重要因素之一，就是体形的大小。当然，也不是体形小就一定会败下阵来。一般来说，群体中的头领都会比其他个体更强壮。另外，争斗目标更为明确的一方往往更容易取得胜利。比较有代表性的例子就是黑猩猩——弱者会团结起来挑战强者，并取得最终胜利。

我爱我家

在动物世界里，配偶关系有多种不同形式的表现，育儿的形式也各有特色。

灵长类家族

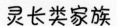

白掌长臂猿

每个小家庭会划分出自家领地，在领地中开始一夫一妻制的生活。家庭成员一般包括一只成年雄性、一只成年雌性和它们的孩子。

大猩猩

一夫多妻制，成年雄性大猩猩的体形大于雌性，背后有白色毛发。

倭黑猩猩

每个家族中都有许多只雄性和许多只雌性成员。雌性倭黑猩猩成年以后会离开家族，而雄性倭黑猩猩则会一直留在自己出生的种群中。

配偶关系

在动物界，很多时候，家庭成员的构成是由配偶的数量、是否处于育儿期以及育儿责任的分配等因素决定的。

常见的配偶关系一般包括一只雄性与一只雌性的组合（一夫一妻）、一只雄性与两只以上雌性的组合（一夫多妻）和多只雄性与多只雌性的组合。

多姿多彩的动物家庭

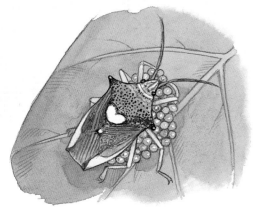

蝽（chūn）象

雌性蝽象为保护自己的卵，会用身体将卵盖住。蝽象妈妈的守护会一直持续到卵孵化成幼虫，直到幼虫蜕皮为止。

野猪

雌雄野猪交尾*之后会各自生活。母亲负责育儿，孩子们成年以后会离开母亲独立生活。

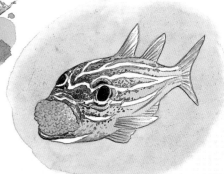

灰喜鹊

在灰喜鹊的种群中有"育儿小助手"。成为"育儿小助手"的灰喜鹊可能是成年后仍然留在父母身边的后代，也可能是其他繁殖期已经结束的灰喜鹊。

鸳鸯

大多数鸳鸯是一夫一妻共同生活并抚养后代。但是，偶尔也会发生雌性鸳鸯与配偶以外的其他雄性交尾并产卵的情况。

橙带天竺鲷

雄性橙带天竺鲷会把卵含在口中抚养。也就是说，在小鱼孵化出来以前，鱼爸爸一直都无法进食。

照顾宝宝

除了昆虫和脊椎动物以外，有的动物"生儿"却不"育儿"，也有的动物会悉心照料自己的卵或幼崽。养育后代在哺乳类动物中通常由雌性负责。因此，由母子构成的小家庭十分常见。

人类和鸟类通常都是由父母双方共同育儿，而鱼类中由雄性负责育儿的情况居多。在育儿过程中投入大量精力的鸟类和哺乳类动物，它们的后代经常会在成年后留在父母身边帮忙照看弟弟妹妹，这样的个体就扮演了"育儿小助手"的角色。

*交尾：繁殖期体内受精动物的交配行为。

家族的诞生

蚂蚁和某些种类的蜜蜂是由很多个体聚集在一起共同生活的。

千万别小瞧哦，它们的社会复杂又发达！

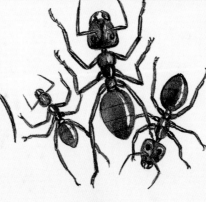

蚁后

小蚁后成熟之后会长出翅膀，但是到了筑巢完毕、首次产卵之后，翅膀就会自行脱落。蚁后可以在一个叫作"受精囊"的器官中长期储存雄性蚂蚁的精子。而且，蚁后每一次都能生产大量的卵。

身高、体形各不同的工蚁

成熟的雌性蚂蚁根据各自的分工不同，身高和体形也有所不同。另外，工龄也决定着它们各自工作的具体内容。一般来说，刚刚开始工作的工蚁只能负责蚁巢内部的简单工作，等到它们更加成熟以后，才开始从事到巢穴外觅食等比较危险的工作。

正在产卵的蚁后和卵

蚁后可以决定是否让自己的卵受精，从而有选择地生出雄性或雌性蚂蚁。受精卵长大会成为雌性蚂蚁，然后被培养成工蚁或新的蚁后。而未受精的卵长大会成为雄性蚂蚁。

正在保育幼虫的工蚁

蚂蚁的幼虫看起来有点像青虫。幼虫还无法自行觅食或者自由活动，所以只能靠工蚁来抚养。

有翅膀的雄蚁

与雌性蚂蚁不同，雄蚁有翅膀，在与新蚁后一起飞出巢穴完成交配之前，完全不为蚁群做任何工作，只是在巢穴中静静地等待。一旦交配完成，它们毕生的使命也就结束了，雄蚁的生命也将走到尽头。

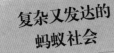
复杂又发达的蚂蚁社会

所有的蚂蚁都是群居生活的"真社会性*"昆虫，有的蚂蚁家族甚至有几十万只蚂蚁生活在一起。昆虫在个体发育中会经历卵、幼虫、蛹和成虫4个时期，最终发育成熟，这个过程就叫作"完全变态"。蚂蚁属于膜翅目，一些原始种类的蚂蚁腹部有针。

每只蚂蚁在种群中各有分工，特别是与繁殖相关的工作，分工非常明确。在群体中，蚁后负责产卵，而没有生育能力的蚁后的女儿们，作为工蚁负责照看弟弟妹妹。成熟的工蚁分工也很明确。有的工蚁负责抚养卵、幼虫和蛹，有的负责觅食、修整巢穴等工作。而负责与蚁后交配的雄蚁，则会安静地待在巢穴中等待交配时期的到来。

*真社会性：以生物的阶层性来分类，真社会性动物是一类具有高度社会化组织的动物。真社会性动物的群体中繁殖分工，也会合作照顾未成年的后代。

大黄蜂

❶ 苏醒的蜂后

蜂后在前一年的秋天长大成熟，经历冬眠在春天苏醒。

❷ 筑巢的蜂后

在第一代工蜂长大之前，蜂后必须独自完成筑巢、产卵和育儿。

❸ 工蜂的职责

工蜂负责扩建巢穴、保育幼蜂和采集蜂蜜等。然后在秋天来临之际，工蜂完成自己的使命，结束忙碌的一生。

❹ 新一代蜂后

到了秋天，新蜂后和雄蜂飞离巢穴开始新婚飞行。在巢穴外完成交配以后，雄蜂的生命也将结束，新蜂后则会躲在树缝里越冬。

大黄蜂的巢穴

大黄蜂通常在屋檐下或树上筑巢。巢穴的外部呈盆状，内部由多层巢盘构成。

外部

工蜂会啃下树皮，与唾液混合在一起做蜂巢的"外衣"。工蜂们会四处收集建材来筑巢，所以，偶尔也能在蜂巢的"外衣"上发现小贝壳。

巢盘

六角形的蜂房*整齐有序地排列在一起，形成巢盘，是黄蜂的育儿室。幼虫平时不排泄，仅在即将成为蛹之前集中排泄一次。所以，蜂房内侧可以发现黑色的幼虫粪便。

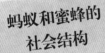

蚂蚁和蜜蜂的社会结构

蚂蚁和蜜蜂的社会（种群）是由蚁后或蜂后建立的。发育成熟以后，蚁后或蜂后会从原巢穴飞出来，与来自其他巢穴的雄性交配。交配之后的新女王会自己选择合适的地点来筑巢并产下第一批卵，然后亲自养育。卵历经幼虫、蛹和羽化*，成为最初的工蚁或工蜂。从此以后，女王就开始专心致志地负责产卵。为了让种群快速扩张，最初的卵都会孵化成工蚁或工蜂。当"劳动力"充足以后，才会从新生的卵中产生新女王和雄蚁或雄蜂。到了交配时期，它们会飞出巢穴完成新婚飞行。这样循环往复，就会世代繁衍，生生不息。

---

*羽化：昆虫的蛹变为成虫的过程称为羽化。

*蜂房：是蜜蜂产卵的小房间。幼虫在这个小房间中发育为成虫。

出入请"打卡"

有些动物能够准确分辨出自己的家人和伙伴。

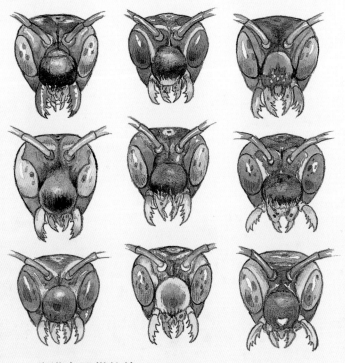

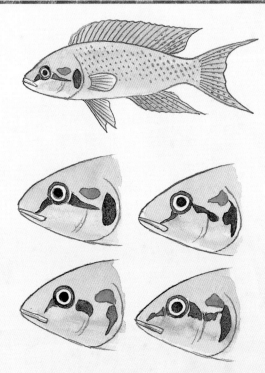

分辨出同巢伙伴

有一种长腿蜂,生活在复杂的社会群体中,它们能够靠面部的花纹和触手分辨出同巢生活的每一只小伙伴。

分辨出熟悉的面孔

非洲有一种色彩亮丽的鲫鱼,它们习惯于在自己的领地中生活。每条鱼面部的花纹都有细微差别,它们就是靠这些花纹认出熟悉的小伙伴。

群体或社会的维持

对于很多动物来说,群居生活或者建立社会体系共同生活益处良多。但群居也会对一些个体造成负担。比如,负责警卫的个体很有可能在工作时成为天敌的"盘中餐",而且如果种群中的其他个体进食的速度太慢,也会加重"警卫员"的负担,以致它们没有足够的时间进食。

因此,如果种群中藏着许多浑水摸鱼的家伙,只能给大家的生活带来负担,导致整个种群失去生存优势。当独立生存的优势更明显的时候,这个种群或社会将难以维持下去。

银喉长尾山雀中的"育儿小助手"会对有血缘关系的家人提供帮助。它们会模仿养育过自己的"育儿小助手"的叫声，然后通过彼此的叫声分辨对方是否是自己的家人。

辨别家人

有一种臭蚁，它们能够利用触角来"确认对方的味道"。群居的蚂蚁在遇到其他个体的时候，都会通过触角去感受对方身体表面覆盖的蜡质，以此来判断对方究竟是不是自己同巢生活的伙伴。

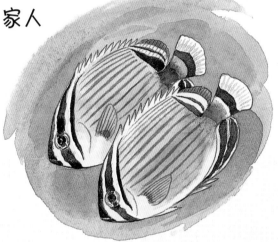

夫妻共同守护领地的弓月蝴蝶鱼，在有其他鱼接近时，会低下头并把身体的侧面展示给对方看。在蝴蝶鱼配偶相互接近时，常常可以看到这样的行为。科学家认为，这是验证配偶身份的方式。

辨别身份的意义

如果能尽早发现浑水摸鱼的家伙，就能避免不必要的负担，也能避免形成不良种群。如果种群中有地位之分和明确分工，就意味着个体之间需要相互配合。对于这样的动物来说，具备辨别其他个体身份的能力尤为重要。

这种辨别身份的能力对于非群居动物来说也是一种优势。有领地的动物会驱赶进入自己领地的陌生个体。如果来者是自己的家人或伙伴却没有及时分辨出来，那就有可能导致无谓的争斗。

动物的种群和社会大多数是以家族为单位建立的。有些时候，即使无法详细辨认每只个体，只要能确认对方是否属于自己的家族就足够了。

食物链

**第3章
动物与地球**

生物之间会互相影响、互相关联。生命在这样的"链接"中繁衍生息。

翠鸟

鸬鹚（lú cí）

鲇（nián）鱼

水蚤

水蛋（chài）

藻类*

浮游植物

河蟹

食物链覆盖下的地球

动物以其他生物或生物的尸体为食，捕食其他生物的动物，也终将成为别人的"盘中餐"。就这样，生命之间衍生出一条连接彼此的"食物链"。

生物之间即使不直接发生吃与被吃的关系，也会以其他的方式给彼此带来影响。比如，食谱相同的两种动物之间存在着相互竞争的关系，如果其中一种动物的数量增加，就会消耗掉更多原本共享的食物，而另一种动物则可能因食物不足导致种群数量减少。

藻类：从原始的光合细菌发展而来，是原生生物界一类真核生物，主要是水生，能进行光合作用。

鹰雕

琉璃鹟（wēng）

狐狸

西藏飞蝗

落叶

动物粪便

马陆

金龟子

蚯蚓

鼹鼠

以藻类、草和落叶为食的河蟹、飞蝗、蚯蚓等动物，可能会被翠鸟、琉璃鹟和鼹鼠等动物吃掉。而翠鸟和鼹鼠这些小型鸟类和哺乳动物，又可能成为鹰雕和狐狸等大型哺乳动物的美食。

　　除了残酷的生存竞争以外，生物之间还存在着许多互惠互利的关系。比如，蜜蜂在花朵间飞来飞去，采蜜的同时也帮植物传播了花粉。

　　地球上的生物之间保持着错综复杂的关系，这些关系连在一起，就像一张密密麻麻的大网。所以，当其中一种生物的生存状态发生变化，很可能会对整个食物链造成意想不到的影响。在本章中，就让我们一起看看生物之间不可思议的链接方式吧。

奇妙的金字塔

生物之间捕食与被捕食的关系，形成了整个生态系统。

能量金字塔

把生态系统中各个营养级的能量数值绘成一幅图，就会出现越往上越窄的金字塔形状。

太阳光

⑤苍鹰等

个体数量

④蛇、乌鸦等

③蜥蜴、麻雀、青蛙等

②昆虫等

①植物

🔘 能量金字塔

注意观察自然界食物网中的食物链，比如"植物→昆虫→鸟→蛇→鹰"……你就会发现，几乎每一条食物链都有这样一个共同的特征：把食物链上各个层级按其拥有的总能量数值绘成一幅图，就会呈现一个金字塔的形状。这就是生态系统的能量金字塔。

有些食肉动物以捕食食草动物为生，也有的以捕食其他食肉动物为生。这类动物在能量金字塔中位于第④层级。大多数的情况下，食物链到第⑤层级就会终止。如果继续向上，那个层级的动物数量则会非常少。

下行控制

（例：黄石国家公园）

引进狼群之前

在没有狼群出现之前，大量繁殖的鹿群肆意啃食青草和树皮。因此河流变宽，两岸开始荒芜。

引进狼群以后

鹿群被狼群追赶捕食，鹿的数量减少，草木繁盛起来，动物赖以生存的环境也恢复了。这种食肉动物带来的生态变化，叫作"下行控制"。

对生态系统的保护

食肉动物在捕食过程中实现了对食草动物数量的控制，避免了因食草动物数量过多而造成的植被匮乏，整个生态系统都会从中受益。

美国黄石国家公园曾一度由于鹿群过量繁殖导致生态系统失衡。为了恢复原有的生态系统，公园管理者引进了狼群，并取得了极大的成功，最终恢复了公园内的生态平衡。

在美国太平洋海岸，因为没有海星，厚壳贻贝大量繁殖，遍布整个岩石滩。如果有海星捕食厚壳贻贝、控制繁殖速度，就可以给藤壶、龟足等其他生物提供正常的生存环境。

我的好搭档

有些生物之间促进彼此共生，是互惠互利的关系。

地花蜂帮助踊子草传播花粉

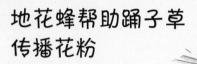

花粉被地花蜂带走，传播到其他踊子草的雌蕊上授粉。

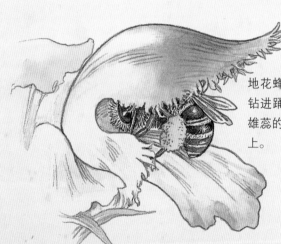

地花蜂为了吸食花蜜，忘情地钻进踊子草花朵里。这时候，雄蕊的花粉就会沾在地花蜂身上。

踊子草

植物与动物的共生

如果两种生物的食物相同，就会相互竞争。相反，如果两种生物的食物完全不同，就不存在竞争的可能性。有时，两种生物的特性刚好能够互相满足对方的需要，一方得以保护而另一方得到食物，这样的不同物种选择一起共生，就能够实现双赢，我们称之为"共生"。

大自然中，动物与植物的共生很常见。植物能够不断制造营养成分却不能随心所欲地移动，而来去自如的动物如果不从外界获取营养就无法生存。比如上面提到的地花蜂采集花蜜，并帮助踊子草传播花粉，就是一种典型的共生。

32

植物利用动物传播种子

正在吃山桐子果实的栗耳短脚鹎（bēi）

生活在亚洲热带地区的鸟类偏爱红色和黑色，所以很多植物长出红色和黑色的果实。可能正是为了吸引鸟类吃掉，植物才进化出这种颜色。

正在搬运菠萝蜜果实的大象

菠萝蜜原产于南亚，最大的果实重量甚至可以达到约50千克，只有大象这样强壮的动物才搬得动。

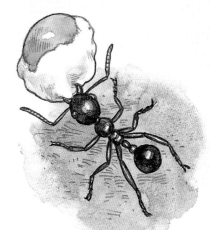

正在搬运白花延龄草种子的蚂蚁

白花延龄草的种子里包裹着味道甜美的啫喱状油质体，蚂蚁把这样的种子搬进巢穴中，吃掉油质体以后会把剩余的部分扔掉。

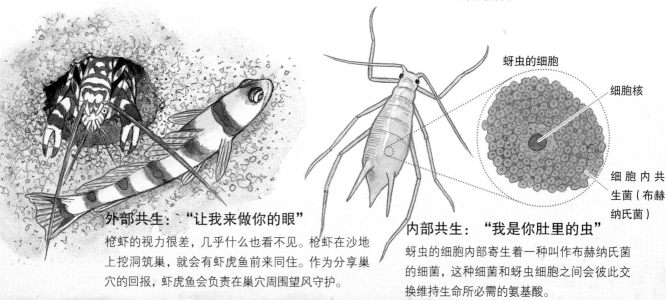

外部共生："让我来做你的眼"

枪虾的视力很差，几乎什么也看不见。枪虾在沙地上挖洞筑巢，就会有虾虎鱼前来同住。作为分享巢穴的回报，虾虎鱼会负责在巢穴周围望风守护。

内部共生："我是你肚里的虫"

蚜虫的细胞内部寄生着一种叫作布赫纳氏菌的细菌，这种细菌和蚜虫细胞之间会彼此交换维持生命所必需的氨基酸。

蚜虫的细胞
细胞核
细胞内共生菌（布赫纳氏菌）

共生的形式

种子就是植物的孩子。种子长到成熟的时刻，会自然脱离母体，落地、生根、发芽。如果种子就地生长，高大的母体植物会遮挡住阳光，下一代植物就很难长高长大。即便母体没有影响种子的发育，新生的植物苗壮成长会反过来抢夺母体植物所需的营养。因此，植物的办法是——把种子送到远方去，让后代在更辽阔的土地上健康生长。为此，许多种子的外面都包裹着甜美的果肉，吸引动物前来把果实吃掉。大多数动物能够消化果肉，而无法消化的种子则会跟动物的粪便一起排出体外。这样，借助动物的身体，种子就可以完成寻找新家之旅。

在自然界中，不仅植物会与动物建立共生关系，动物之间，甚至是动物与微生物之间也会建立共生关系。共生的双方关联性越强，失去对方后无法独立生存的可能性也就越大。所以，在共生的关系中，要预防自己受害，就要保护好自己的共生对象。

别看我小，我很重要

地球表面之所以没有遍布动物粪便和残骸，都要归功于分解者们辛勤的劳作。

分解的过程

动物的残骸、粪便和落叶

作为营养源

地表或土壤中的昆虫等

分解

作为营养源

菌类细菌

分解

作为养分

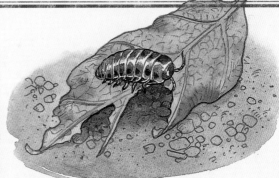

正在吃地表落叶的土鳖虫

正在吃水中落叶的翅目幼虫

把动物残骸和粪便转化为营养源

即使一生中健康成长，没有变成天敌的"盘中餐"，动物的生命也会在衰老中走向最终的尽头——自然死亡。绝大多数动物的一生都会不断向外界排泄粪便。数量如此庞大的动物粪便和残骸为什么没有把整个地球淹没呢？这是因为，有一些生物恰好把动物的粪便和残骸当作自己的营养源和美味。我们把这样的生物称为分解者。

绿色植物在生长中，有一部分会被食草动物吃掉，而没有被吃掉的枝叶最后都会变成枯枝落叶，被附近的分解者消灭掉。比如，土鳖虫和翅目幼虫等，就是以落叶为食的分解者。

正在吃鼹鼠尸骸的埋葬虫。有的埋葬虫还会把尸骸团成"肉丸"，用来育儿。

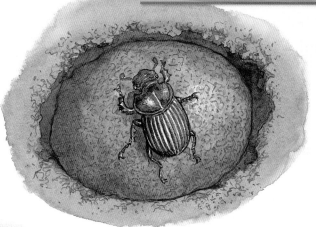

正在搓粪球的蜣螂（qiāng láng）。雌性蜣螂会搓粪球，然后把粪球埋在土壤中并在粪球里产卵。粪球为新生的幼虫提供了食物。

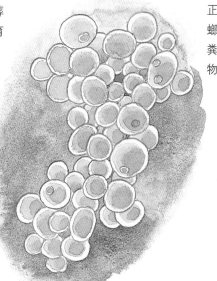

酵母菌能够以单细胞的形态存活，是菌类的近亲。酵母在自然环境中随处可见，能够分解多种不同的物质。

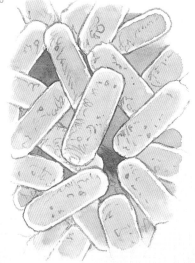

纳豆菌是一种枯草芽孢杆菌。人们可以利用纳豆菌的分解能力来制作维生素和氨基酸。

被菌类分解的木桩上经常会生出小蘑菇。

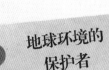

地球环境的保护者

植物生长需要从土壤里获取养分，但是植物无法直接从动物身上吸收复合营养物质。分解者最重要的使命就是把动物身上的有机物分解成无机物，归还给自然界。如果没有分解者的转化，植物和动物都将无法存活。

分解者的工作也不尽相同。有些昆虫和大型分解者（秃鹫）能把落叶啃食得更加细碎，还能吃掉动物的残骸和粪便，然后把它们分解掉。有些细菌和真菌能够把有机物分解为无机物。

那些不起眼的小昆虫和我们肉眼几乎无法看到的细菌和真菌，才是地球环境真正的保护者。

小小·工程师

有些动物的存在会对其他物种的生存环境造成影响，
它们是一群当之无愧的"生态系统工程师"。

在河狸建造的水坝湖中，生活着各种各样的生物。

生态系统工程师的代表

有些动物不仅能对其他物种的数量造成影响，还有可能对其他物种的生活地点（栖息地）造成影响，我们把这样的动物称为"生态系统工程师"。河狸就是典型的生态系统工程师的代表。在北美洲、欧洲和亚洲都有河狸。它们会把树木横在河面上，制造水坝拦住河水，然后在水坝湖里建造自己的安乐窝。水坝湖建好之后，也会有许多其他的动物搬进来居住。

另外，海龟和加拿大马鹿等生物允许其他生物生活在自己身上，只要它们活着，就能自然而然为其他生物提供栖息地，是名副其实的生态系统工程师。

正在树干上啄出巢穴的啄木鸟

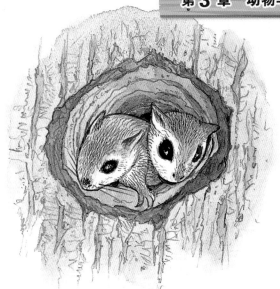

从大斑啄木鸟的鸟巢中探出头来的鼯（wú）鼠

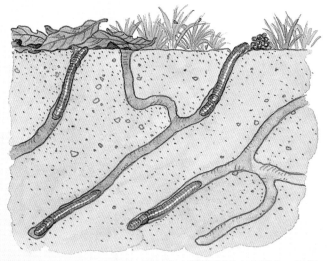

蚯蚓可以使土壤变得蓬松，同时也会把粪便留在土壤中。根据达尔文*的发现，有蚯蚓的地方，土壤厚度以每年5~6毫米的速度增加。

外来品种的克氏原螯（áo）虾（小龙虾），以一种叫作黑藻的水草为食，使许多青鳉鱼和蜻蜓失去产卵之地。

各种各样的生态系统工程师

许多自己筑巢的动物都是生态系统工程师，因为有很多种动物会借住在其他动物的巢穴中。还有一些动物，虽然不筑巢，也会给周围环境带来影响。比如蚯蚓，一边吃掉有养分的土壤，一边在泥土中钻来钻去，还会沿途留下颗粒状的粪便。在这个过程中，土壤会变蓬松，同时变得富含微生物。这样的土壤非常利于植物生长。

并不是所有自己筑巢的动物都会给环境带来好的影响。有些动物在筑巢的时候可能会对周围的环境造成破坏，导致其他物种失去繁衍生息的机会。

*达尔文：查尔斯·罗伯特·达尔文（1809—1882年），英国著名自然科学家，著有《物种起源》等。

索 引

びっくり!おどろき!動物まるごと大図鑑 1
By 中田 兼介
"DOUBUTSU MARUGOTO DAIZUKAN"
Supervised by Mayu Yamamoto
copyright © 2016 Kensuke Nakata and g-Grape.Co.,Ltd.
Original Japanese edition published by Minervashobou Co.,Ltd.

特约审校：李鑫鑫

图书在版编目（CIP）数据

不可思议的动物图鉴. 动物生存大揭秘 /（日）中田
兼介著；张岚译. —沈阳：辽宁科学技术出版社，2020.5
ISBN 978-7-5591-1385-6

Ⅰ. ①不…　Ⅱ. ①中…　②张…　Ⅲ. ①动物—儿童
读物　Ⅳ. ①Q95-49

中国版本图书馆CIP数据核字（2019）第248374号

出版发行：辽宁科学技术出版社
　　　　　（地址：沈阳市和平区十一纬路25号　邮编：110003）
印 刷 者：上海利丰雅高印刷有限公司
幅面尺寸：210mm×260mm
印　　张：2.5
插　　页：4
字　　数：80千字
出版时间：2020年5月第1版
印刷时间：2020年5月第1次印刷
责任编辑：姜　璐　许晓倩
封面设计：刘　霞
责任校对：徐　跃

书　　号：ISBN 978-7-5591-1385-6
定　　价：45.00元

联系电话：024-23284062
邮购电话：024-23284502
http://www.lnkj.com.cn

大胆去观察吧

本书中介绍的动物，有许多都是在我们身边就可以观察到的。请你留意身边的世界，去观察一下动物们不可思议的生存方式吧。

哦，对啦！小朋友们千万不要单独外出去观察小动物哦！出门的时候，一定要请家长或者老师一同前往。

在附近的公园里可以观察到的动物

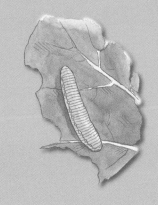

纹白蝶的幼虫 →p.9

分布在全国各地。从春季到秋季，幼虫一直在卷心菜等油菜科植物的叶子上生活。

蚁狮 →p.15

分布在新疆、甘肃等地。蚁狮生活在干燥的沙地里，这样能免于受到雨水的侵袭。从初夏到秋季是幼虫到成虫的生长期。

蚜虫 →p.7,33

分布广泛。不同种类的蚜虫居住在不同种类的植物上，身体的颜色也略有差别。蚜虫可以分泌出一种甜液，这种甜液正好是蚂蚁的美食。相对地，蚂蚁可以帮助蚜虫观察周围是否有天敌出没。

蚂蚁 →p.24

分布广泛。新任蚁后和雄蚁的新婚飞行通常都会在5~6月份雨后初晴、微风徐徐、落日的光芒中启程。选择这样的时机守在蚁巢旁边，比较容易观察到哦。

栗耳短脚鹎 →p.33

分布广泛。大多数栗耳短脚鹎栖息在山林、公园等树木繁盛的环境里。

蝽象 →p.23

分布广泛，喜欢在瓜类植物上活动。成虫多在土块、石隙间越冬。

土鳖虫 →p.34

分布在全国大部分地区，喜欢栖息在阴暗潮湿的土层中。白天躲在暗处，夜间出来觅食。